简约整洁是小户型居室设计的关键点，能有效地规整空间，其中采用细条纹壁纸装饰面，既符合了简洁设计风格，也很好地拉升了视觉高度。■

图片提供©福州佐泽装饰工程有限公司

依靠梯形飘窗设计出的吧台空间是卧房情调提升的中心地带，几把红木椅，一瓶红酒，给家居生活增添的不止是浪漫。■

图片提供©福州好日子装饰工程有限公司

灰条纹装饰玻璃镜装饰卧房整面隔断墙，在减弱墙体厚重感的同时，也起到了延伸空间的作用。■

图片提供©广东星艺装饰（集团）福州分公司

U0364114

马赛克铺设卧室床靠墙，极具现代感，马赛克的蓝色系主调符合白调空间的设计风格，适合卧房冷色调装饰的配色原理，利于休息。■

图片提供©福州紫恒装饰工程设计有限公司

悬浮式电视墙面隔断语言成为卧房的个性装饰亮点，提升了空间视线高度；其灰色条纹贴面壁纸既美化了外观又拉伸了隔断的视觉面积感，摒弃了隔断墙的笨重形象。■

图片提供©福州国广装饰设计工程有限公司

床靠墙采用米黄色印花壁纸装饰，其柔和的色调承接了卧房空间的白净美，并与木地板色调保持呼应；三幅组合的多彩菊花图，装饰感极强，并明朗了空间视觉焦点。

图片提供©广州三星装饰余工设计师楼（福州）公司

名家设计 第2季
FAMOUS DESIGN SEASON 2

温馨卧室

本书编写组 编
配 文：赵 娜

海峡出版发行集团
THE STRAITS PUBLISHING & DISTRIBUTING GROUP
福建科学技术出版社
FUJIAN SCIENCE & TECHNOLOGY PUBLISHING HOUSE

图书在版编目（CIP）数据

温馨卧室/《温馨卧室》编写组编 . —福州：福建科学
技术出版社，2011.11
（名家设计 . 第 2 季）
ISBN 978-7-5335-3946-7

Ⅰ . ①温…　Ⅱ . ①温…　Ⅲ . ①卧室－室内装修－
建筑设计－图集　Ⅳ . ① TU767-64

中国版本图书馆 CIP 数据核字（2011）第 190580 号

书　　名	温馨卧室
编　　者	本书编写组
出版发行	海峡出版发行集团
	福建科学技术出版社
社　　址	福州市东水路 76 号（邮编 350001）
网　　址	www.fjstp.com
经　　销	福建新华发行（集团）有限责任公司
印　　刷	福建彩色印刷有限公司
开　　本	889 毫米 ×1194 毫米　1/16
印　　张	3.5
图　　文	56 码
版　　次	2011 年 11 月第 1 版
印　　次	2011 年 11 月第 1 次印刷
书　　号	ISBN 978-7-5335-3946-7
定　　价	21.50 元

黑色砂岩装饰床靠墙，其砂岩质感给整体卧室增添儒雅风尚，与黑色床头矮柜呼应，凸显卧室黑色典雅时尚美，在纯白色床灯映照下更是带动了卧室的神秘小资魅力。■

图片提供©福州国广装饰设计工程有限公司

卧室墙壁竖条纹壁纸带有现代的动感时尚，与整体空间的仿古家具情感相差甚远，却大胆地彰显了现代与古典的碰撞之美。■

图片提供©福州好日子装饰工程有限公司

咖啡镜面的嵌入使用，与白净墙面形成反差，一深一浅，一轻一重，起到明亮和调和空间起伏的重要装饰作用。■

图片提供©福州好日子装饰工程有限公司

看 似简单的卧房空间，以造型墙装饰取胜，白净的墙体以简单的线条，或曲或直，塑造出装饰墙的个性。■

图片提供©福州名匠装饰设计工程有限公司

方 块斜拼的软包床靠两侧以瓷砖马赛克拼贴作装饰，整体色调和谐统一。■

图片提供©福州名匠装饰设计工程有限公司

八 幅艺术装饰画秩序装点卧房空间，相框墙通过四角宝阁特定规划，规整大小不一的画框形状，同时具有画中画的设计效果。■

图片提供©福州名匠装饰设计工程有限公司

全幅面印花壁纸，大个头植物印花纹样搭配优美的淡蓝色底调，不仅作为床靠墙的装饰背景，而且成为了带动欧式典雅卧室情感的主亮点，美不胜收。■

图片提供©福州国广装饰设计工程有限公司

快捷酒店风格式卧房，以丰富的功能组合取胜，其中采用紫灰色的装饰面板作为墙面装饰语言，给极简的卧室空间带来了色彩活力，气质紫色也巧妙地维护了空间的简约秩序美。■

图片提供©福州国广装饰设计工程有限公司

墙面丰富的装饰材料语言成为装扮典雅浪漫卧室的主画笔，奶白色PU亮皮床靠墙包，宽窄长条排列造型，与床头正方形皮包装饰设计格调一致，展现气质奢华美。■

图片提供©福州国广装饰设计工程有限公司

多元化美感设计风格卧室，其中漩涡图案地毯给多元的空间情感增添了流动动感装饰美，在承接丰富空间语言的同时挑亮了卧室的俏皮时尚情感，与圆形吊顶造型呼应。■

图片提供©福州国广装饰设计工程有限公司

白 橡木烤漆装饰面板承
接回字形吊顶，做方
块造型设计并大面积装饰卧
室床靠墙，既以凹凸造型增
强了墙面立体空间感，又呼
应了整体白净纯美的欧式浪
漫居室情怀。■

图片提供©福州国广装饰设计工
程有限公司

菱 形灰镜饰面元素给典雅的卧室
融入了一丝时尚动感美，其以
亮银色金属框架巧妙嵌入床靠造型墙
上，承接菱形装饰软包墙面，也成为
过渡装饰语言，避免软包与壁纸相近
的黄色系的冲突。■

图片提供©福州国广装饰设计工程有限公司

白 色卷草纹镂空雕花装饰板，立
于卧房墙面转角处，既有装饰
美感，又充当小型的隔断造型墙面
语言，与左侧立地造型镜框形式相
呼应，是营造欧式美居首选的装饰
材料。■

图片提供©福州国广装饰设计工程有限公司

造型墙明镜装饰的使用，使得卧房空间视野开阔起来，其轻盈的质地也平衡了实木造型柜的沉重感，通过明镜的反光照射，使得床靠墙面中式金花壁纸映照其上，成为流动的风景。■

图片提供©福州国广装饰设计工程有限公司

白色PU皮饰软包床靠墙，以黑色不规则造型挑亮点缀装饰，醒目并活跃空间；与黑镜面围饰隔断墙呼应，符合孩子的俏皮心理。■

图片提供©福州国广装饰设计工程有限公司

高档真皮软包床靠，增添卧房舒适感，其延伸到屋顶的大面积装饰设计，加上金色木线条框架，华丽美尽收眼底，藕荷色柔美外观与米色印花壁纸相协调。■

图片提供©福州国广装饰设计工程有限公司

黄色玫瑰花贴面装饰收纳柜，立刻成为吸引视线的卧室焦点，其鲜亮的黄色也有点亮空间的色彩作用，局部放大的玫瑰花照片装饰，避免了墙面的单调，增添了空间的自然真实美感。■
图片提供©福州国广装饰设计工程有限公司

大面积玫瑰红木地板有整合空间凌乱感的作用，使得卧室各装饰要素统一于红色浪漫情调中来，提升空间和谐感。■
图片提供©福州国广装饰设计工程有限公司

丰富而恰当的灯光是营造卧室情感必不可少的道具，从顶灯到壁灯，形式丰富，并多以黄色调暖光源为主，营造居室温馨可人的灯光效果，也提升了暗色实木家具的质感美。■
图片提供©福州国广装饰设计工程有限公司

深咖啡色宫廷窗帘成为塑造欧式华美卧室风格的主要亮点，其深咖啡色碎花外观具有醒目空间的展示作用，柔和的弧度造型与水晶灯呼应，丰富了卧室墙面装饰语言。

图片提供©福州国广装饰设计工程有限公司

圆拱形装饰窗，承载磨砂玻璃、欧式立柱、洋琴式样门帘，给原本华丽的居室增添了巴厘岛的风情，实属华丽中的典范之举。

图片提供©福州好日子装饰工程有限公司

红木地板与柔白空间的经典搭配，给人以视觉上的和谐美，无论形式如何多变，空间的舒适之意尽收眼底。

图片提供©福州好日子装饰工程有限公司

卷草纹样明镜装饰，提升卧室浪漫华美之意，其与卷草纹荧光壁纸呼应，使得空间处处散发着欧式的浪漫情调。■

图片提供©福州好日子装饰工程有限公司

报纸插画纹样壁纸，以强烈的后现代时尚主义打造了卧房张扬的个性美，黑白主调的墙体空间满足了年轻一族的居住品味。

图片提供©福州好日子装饰工程有限公司

青花壁纸以其独特的情感典范征服了空间的视觉焦点，已超出了壁纸的材质属性，和周围白橡木板融合在一起，自然纯净。■

图片提供©福州好日子装饰工程有限公司

富贵凤凰花植物纹样壁纸装饰，朱红色调极为显眼，成为装饰空间的主要元素，其透出的祥和典雅之美弥漫整个卧房空间。■

图片提供©福州好日子装饰工程有限公司

花色各异的壁纸贴面装饰成为卧房墙面语言的重要设计手法，其中均以米黄色调统一联系，又与米黄色玻化砖地面相协调。■

图片提供©福州好日子装饰工程有限公司

枣红色砂岩材质装饰墙，其单一式样与周边繁琐的花纹装饰形成动静互补，浓重的枣红色也起到了温馨卧房的色彩装饰效果。■

图片提供©福州好日子装饰工程有限公司

大 面积的墙面装饰设计，加上复古壁纸的张贴，使得卧房空间明朗大方，看似简单的造型却因大方利索的线条显得典雅庄重。■

图片提供©福州好日子装饰工程有限公司

泰 柚木长条栅栏装饰，拉伸了墙面空间长度，相同材质的床靠墙框设计，气宇非凡，实木特有的庄重气势是任何材质所不能代替的。■

图片提供©福州好日子装饰工程有限公司

大 面积卧室采用拓展功能设计，雕花艺术板作为遮挡屏风，柔美装饰效果也维护了空间功能分区的联系，一举两得。■

图片提供©福州好日子装饰工程有限公司

小 方格镜面成为装饰墙面的新颖材料，其晶莹明亮的材质属性极好地表现空间的明星气质，既减少了墙面的厚重感，又扩展了空间的视觉宽度。■

图片提供©福州好日子装饰工程有限公司

金 属几何框架立于卧室中间，艺术感强烈，与简洁的家具形成鲜明对比，又巧妙地充当了隔断介质，可谓集形式与功能为一体。■

图片提供©福州好日子装饰工程有限公司

烫 金元素的强调使用，使得烫金印花壁纸和布艺装饰在形式上保持一致，共同打造出华美亮丽的欧式情感家居。■

图片提供©福州好日子装饰工程有限公司

复古金黄植物壁纸搭配做旧装饰框设计，分立床靠墙左右，庄重典雅，其红木边框与木地板相呼应，错落有致。■

图片提供©福州好日子装饰工程有限公司

厚重宽大的油画框和皮革软包装饰，体现出了卧房华美的欧式情调，其纽扣形式与家具装饰一致，体现混搭时尚。■

图片提供©福州好日子装饰工程有限公司

古色古香的杨木雕刻屏风，巧妙地隔断空间，既与家具材质呼应，也从风格上迎合了复古的植物纹样壁纸，整体协调舒适。■

图片提供©福州好日子装饰工程有限公司

艺术黑镜装饰板与玻璃拉门，作为卧房空间的主要装饰材料营造出了神秘的空间气氛，其朦胧的反光效果，开阔了空间的视野。■

图片提供©福州好日子装饰工程有限公司

红玫瑰装饰画成为卧房空间的视觉中心，其采用精美银色金属框装裱，与两侧的水晶灯饰区相映照，折射出家的浓情蜜意。■

图片提供©福州名匠装饰设计工程有限公司

特色床榻设计，双层踏板达到床体高度平衡，有效地拓展了休息区域的功能性，重点强调了卧室中床体的重要地位。■

图片提供©福州名匠装饰设计工程有限公司

挑高的卧房空间，其床靠采用白色块软包设计，以饱满的纵横形式感减弱了空间的空寂，层次感丰富。■

图片提供©福州名匠装饰设计工程有限公司

浮雕式飘叶壁纸，生动表现了卧房墙面艺术，米黄色质地肌理与米黄色西洋式样窗帘相统一，有助于塑造家的温馨典雅。■

图片提供©福州名匠装饰设计工程有限公司

欧式框架背景床靠设计，搭配金黄色立体印花壁纸，铸就家的辉煌典雅，除此之外的红木地板和靓丽红色台灯，暗寓着新房的喜庆温馨。■

图片提供©福州名匠装饰设计工程有限公司

金黄色希腊式样植物壁纸，加上两侧菱形白镜装饰和水晶吊灯，营造出卧室诗画般美丽的居住意境。■

图片提供©福州名匠装饰设计工程有限公司

绒布装饰床靠，其柔软的质地有助于突出家的温馨气息，高雅的咖啡色调也符合欧式家居的设计需要，协调感十足。■

图片提供©福州名匠装饰设计工程有限公司

印花有机钢化装饰板，既有优良的耐用性也具有类似镜面的反光折射作用，美观实用，赭石色主调也符合欧式怀旧风尚设计风格。■

图片提供©福州名匠装饰设计工程有限公司

红木框架，方正结构造型，细致的木线条抛边设计，内部贴饰米色植物花纹壁纸，与红木家具搭配呼应，尽显大家风范。■

图片提供©福州名匠装饰设计工程有限公司

田 园式床靠设计，弧度造型增加甜美情怀，内贴粉色花朵壁纸，更是突出蜜意情怀的新婚卧房居室环境。

图片提供©福州名匠装饰设计工程有限公司

华 丽的欧式风格卧室，英皇典范设计，以金黄色帷幔装饰张贴吊顶内部，周围到处可见的金黄色雕花装饰与其呼应，尽显富丽堂皇。

图片提供©福州名匠装饰设计工程有限公司

花 朵状吊顶空间设计，装饰性别具一格，另外加强了书房和卧室空间的对话。

图片提供©福州名匠装饰设计工程有限公司

飘窗设计是卧室空间的视野焦点，"U"形飘窗增加了观景的环境利用，床靠墙的框架设计更是营造出看似画面的观赏效果。■

图片提供©福州名匠装饰设计工程有限公司

床靠采用奶白色菱形结构软包装饰，两侧壁纸与彩色玻璃马赛克，尽显丰富材质的混搭时尚。

图片提供©福州名匠装饰设计工程有限公司

日系特色床榻设计，采用优良的杨桃实木，简洁干练的线条结构，扩大了床铺的空间功能。■

图片提供©福州名匠装饰设计工程有限公司

红木框架墙面装饰，其上方采用金黄色装饰砖贴饰，形成一周金灿灿的闪光圈；在规整墙面框架的同时也过渡了吊顶的金色装饰。■

图片提供©福州名匠装饰设计工程有限公司

个 性定做卧室收纳展柜，以厚重的板材交叉造型拓展了墙面的功能性，也与红木门呼应。■

图片提供©福州名匠装饰设计工程有限公司

简 约白色调卧室空间，以绿色竖条纹壁纸贴饰床靠墙，既提升了空间的质感，又具有拉长墙面的视觉作用。■

图片提供©福州名匠装饰设计工程有限公司

红 木羊角纹样贴面装饰板与圆圈纹白镜面收纳柜，成为典雅与时尚的结合，打造了专属身份的父母卧房气质。■

图片提供©福州名匠装饰设计工程有限公司

竖 纹壁纸加上树枝装饰画,给净白的卧室空间增添了自然联想之意,与花朵造型吊灯所表达的自然情感呼应。■
图片提供©福州名匠装饰设计工程有限公司

浅 咖啡调总领卧室情感色彩,无论是软包装饰、肌理壁纸还是实木地板,气质浅咖啡调总是给人舒适悠闲的视觉享受。■
图片提供©福州名匠装饰设计工程有限公司

浓 厚的现代中式卧室设计,精雕细琢的中式木艺装饰,重复运用到床靠墙和吊顶空间等,所到之处尽显睿智和底蕴。■
图片提供©福州名匠装饰设计工程有限公司

别 具匠心的中式经典风情卧室，书法纹
样拉门、水墨画壁纸、雕刻木艺和浓
烈的红木壁橱等体现中式风情。■
图片提供◎福州名匠装饰设计工程有限公司

简 单的小卧房，采用紫色漆粉饰，耐用
美观，几何造型展架，精致而简约的
装饰展现出一个放松的居住环境。■
图片提供◎福州名匠装饰设计工程有限公司

吊 顶由三大块不同区域组成，两边以菱
形的勾缝突出金黄色贴面的吊顶装
饰，与波纹装饰条相协调。■
图片提供◎福州名匠装饰设计工程有限公司

玻璃洗漱空间、飘窗休闲区，分割了卧房空间面积，很好地规划出了功能齐全的卧室环境。■

图片提供©福州名匠装饰设计工程有限公司

儿童房采用活泼的橄榄绿粉饰，加上简单红白色调积木式样书柜，多彩装饰画，共同装饰出孩子多彩的小天地。■

图片提供©福州名匠装饰设计工程有限公司

蓝色积木式装饰收纳柜，在灰调条纹壁纸墙面空间中格外显眼，既起到了活泼空间的装饰作用，又可以满足收纳空间的需要。■

图片提供©福州名匠装饰设计工程有限公司

清爽的苹果绿装饰墙成为欧式田园风的主色调，加上印花壁纸和纱质窗帘，给人以爽朗舒适的享受。■

图片提供©福州名匠装饰设计工程有限公司

软装已成为卧室装饰中不可缺少的元素，花纹地毯的使用，更是给温馨的卧室空间增添了浪漫与温馨。■

图片提供©福州名匠装饰设计工程有限公司

采用»褐色有机板做成大面拉门收纳壁橱，拓展了墙面的功能，与床靠墙的褐色壁纸相呼应。■

图片提供©福州名匠装饰设计工程有限公司

中式情调的卧室设计，重复使用的泰柚木雕刻木艺，特色中式拉门橱柜，所到之处尽显古色古香的中式美。■

图片提供©福州名匠装饰设计工程有限公司

特色设计定制而成的卧室电视墙一体柜，两片菱形栅栏带出别具匠心的设计思想，丰富墙面的立体感。■

图片提供©福州名匠装饰设计工程有限公司

红色布艺沙发成为整个空间情感的焦点，其现代亮丽的造型外观，加上抢眼的红色调，给白净的空间注入了热烈的激情元素。■

图片提供©福州名匠装饰设计工程有限公司

儒雅的灰调空间采用圆圈纹壁纸装饰打造，其古旧的装饰效果使得原本秩序的空间更加内敛。■

图片提供©福州名匠装饰设计工程有限公司

大方得体的中式花格装饰成为带动卧房
现代中式情感的元素，加上磨砂玻璃
的使用，使其羞涩内敛之意溢于言表。■

图片提供©福州名匠装饰设计工程有限公司

麻纹肌理窗帘与壁纸打造了卧房的田园情
调，给沉重深色系的黑胡桃实木家具增添
了宁静感。■

图片提供©福州名匠装饰设计工程有限公司

挑高卧房空间，太阳花式样石膏造型吊顶，成
为整个空间最为动态的设计点，活跃了留白
墙面。■

图片提供©福州名匠装饰设计工程有限公司

突出的个性摄影照
片装饰墙与玫红
色拉门壁橱形成反差，
使得空间既个性张扬又
柔美羞涩，符合年轻人
的居住心理。■

图片提供©福州名匠装饰设
计工程有限公司

重视家居的软装饰设计，以其美观实用的特点深受人们喜爱，摆放欧式家具使得卧房华美之意尽显。■

图片提供©福州名匠装饰设计工程有限公司

壁龛特色设计，其内部饰材与床体家具呼应，外部采用白色有机板框边，与墙面呼应，在裂纹壁纸中格外抢眼。■

图片提供©福州名匠装饰设计工程有限公司

整体卧房空间，因红胡桃木材属性，形成浓重的红白内敛情感基调，特色红点装饰有机板壁橱略带调皮之感。■

图片提供©福州名匠装饰设计工程有限公司

别具风采的日式榻榻米设计，连带壁橱衣柜和书桌，使得空间装饰具有整体性和统一性，印花磨砂玻璃丰富了空间。

图片提供©福州名匠装饰设计工程有限公司

占 据整体墙面的壁橱设计，兼具电视柜的作用，功能强大，贴饰的白色饰面增强橱面美观性。■

图片提供©福州名匠装饰设计工程有限公司

以 特色屏风设计电视背景隔断，白橡木三扇门的设计，具有中西合璧的造型特点，与欧式卧室家居风格协调，其曲线造型也柔和了卧室方正感，间隔并营造了优美的功能空间。■

图片提供©广州三星装饰余工设计师楼（福州）公司

黄 色植物印花壁纸成为主卧抢眼的背景墙面装饰，加上镶嵌的圆形磨砂咖啡镜，更是营造出有别于其他原始白墙的视觉焦点，也彰显了卧室情感中关于小资情调的时尚与自由。■

图片提供©广州三星装饰余工设计师楼（福州）公司

软 包床靠墙、门、吊顶、家具等多处重复石榴红木的使用，既有醒目典雅 色彩装饰感，又有效地统一了卧室空间，丰富且有序。■

图片提供©广州三星装饰余工设计师楼（福州）公司

长 幅印花黑晶钢化板醒目地立于白色
真皮床上方，形成强烈的黑白色时
尚对比，加上床靠墙面铺贴的灰色肌理装
饰砖，使得卧房彰显出一种关于光影的流
动之美。■

图片提供◎广州三星装饰余工设计师楼（福州）
公司

特 色顶棚造型是卧室空间语言
的魅力所在，圆形放射状吊
顶造型，具有波形流动美，增添了
空间的俏皮时尚感，其与沙发靠墙
两侧的圆形装饰设计呼应，突出几
何造型之美。■

图片提供◎广州三星装饰余工设计师楼
（福州）公司

橙 红色线形装饰壁纸给整个卧室空间
添加温馨和热情，其强烈的暖调与
周围素雅的白调形成视觉反差，空间层次
分明；郁金香装饰画与花纹壁橱拉门呼
应，自然亮丽。■

图片提供◎广州三星装饰余工设计师楼（福州）
公司

采用白色百叶窗衣柜拉门设计，很好地突出了欧式典雅卧房风格；其中金黄色金属包边以及白色艺术雕花贴面的镜面装饰，使得柜面更加高贵典雅，集装饰与实用于一体。■

图片提供©广州三星装饰余工设计师楼（福州）公司

四扇落地磨砂玻璃拉门，以自如的活动有效地塑造着卧室电视墙的空间，有规整和收纳卧室空间的作用，其简洁造型也显得落落大方，一开一合展现主人别具匠心的起居设计。■

图片提供©广州三星装饰余工设计师楼（福州）公司

整个卧室主休息空间采用抬高地台设计，周围以细致的雕花装饰、弧线造型等元素使得庭柱成为构建卧房奢华复古的设计亮点。■

图片提供©广州三星装饰余工设计师楼（福州）公司

开放式卧室空间，以简洁的白色有机板做间隔，其上方采用简单细木板搭建，意在增强空间的通透感，顺势而成的电脑桌，合理利用了隔断墙面空间，功能性突出。■
图片提供©广州三星装饰余工设计师楼（福州）公司

壁橱式造型墙给卧室空间增添时尚元素，其方正的小壁龛造型，形成秩序地装饰着卧室电视墙面，同时也保持着与客厅空间的对话联系，一举两得。■
图片提供©广州三星装饰余工设计师楼（福州）公司

隔断墙面连接玻璃拉门，兼作卧室空间电视墙面功能，其贴饰的藕荷色花纹壁纸与床靠墙呼应，淡雅美观。■
图片提供©广东星艺装饰（集团）福州分公司

丰富材质营造的卧室床靠墙面装饰，成为焦点所在，在米黄色复合木板与同色系壁纸中间镶嵌黑花玻璃镜框，起到装饰和明确空间的作用。■

图片提供©广东星艺装饰（集团）福州分公司

卧室床靠墙采用方正框架外观与周围墙面衔接，内部则采用印花壁纸装饰，彰显高雅美。■

图片提供©广东星艺装饰（集团）福州分公司

挑高衣橱的柜门采用茶色玻璃，既很好地突出装饰美，也使得厚重的原白色墙面变得轻盈，兼具隔断收纳等多重作用。■

图片提供©广东星艺装饰（集团）福州分公司

床靠墙以杉木隔板和黑花壁纸营造调皮的造型墙面语言，符合孩子的居住心理。■

图片提供©广东星艺装饰（集团）福州分公司

荧光复古金黄壁纸是打造奢华宫廷卧室空间的主要元素，金碧辉煌的墙饰外观加上罗马式样造型墙，奢华之美尽收眼底。■

图片提供◎广东星艺装饰（集团）福州分公司

柔美布艺软装作为卧室空间的亮点设计之一，素雅的黑白花纹，轻盈的纱质帷幔，甜美的壁纸贴饰，打造温馨家园。■

图片提供◎广东星艺装饰（集团）福州分公司

甜美的粉红色床靠墙，平整的表面压印手工树叶装饰面，活泼自然，与对面墙体卡通形象壁纸呼应，舒适美观。■

图片提供◎广东星艺装饰（集团）福州分公司

黑 胡桃复合木板装饰床靠墙，到顶的大面积处理，有利于统一空间，中间采用白色亚克力圆弧框边过渡，承接乳白色软包床靠，点亮了空间。◼

图片提供©广东星艺装饰（集团）福州分公司

净 白的居住环境里采用玫瑰木实木地板提升温馨典雅之意，温润的触感也有助于消除一天的疲劳倦意。◼

图片提供©广东星艺装饰（集团）福州分公司

连 带阳台设计的现代卧室空间，"U"形飘窗拓展空间光环境，柔美的软装布艺，符合净白的卧室空间，并带动了浪漫卧室情感。◼

图片提供©广东星艺装饰（集团）福州分公司

白 橡木树干纹样镂空装饰板连接卧室和书房，同时兼具小隔断角色，起到了隐约分区作用的同时也具有出色的装饰效果。◼

图片提供©广东星艺装饰（集团）福州分公司

依 靠飘窗承接床靠墙，表面贴饰米黄色花纹壁纸，留白框架，形成独特的自然风景装饰地带。■

图片提供©广东星艺装饰（集团）福州分公司

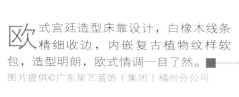

欧 式宫廷造型床靠设计，白橡木线条精细收边，内嵌复古植物纹样软包，造型明朗，欧式情调一目了然。■

图片提供©广东星艺装饰（集团）福州分公司

卧 室上部空间以回字造型连接回形床靠墙，并连带承接条纹玻璃隔断墙，整体造型协调统一，并采用壁纸、玻璃、水晶灯等元素丰富墙面语言。■

图片提供©广东星艺装饰（集团）福州分公司

华丽纽扣软包造型墙以框架设计形式装点墙面语言，其纽扣造型形式与床体软包上装饰统一，尽显欧式家居高贵典雅之气。

图片提供©广东星艺装饰（集团）福州分公司

复古植物花纹壁纸，以米黄色淡雅基调铺饰整体空间墙面，点缀白净墙面，视觉统一感强烈，整体形式简约得体，适合老人居住。

图片提供©广东星艺装饰（集团）福州分公司

以实木装饰板铺贴装饰吊顶，丰富了空间材质语言，并与实木地板呼应，装点卧室自然温润的家居时尚。

图片提供©广东星艺装饰（集团）福州分公司

米 黄色波浪纹壁纸，以简单的曲线美带动了整体白净墙面活力，其面上装饰画聚焦了卧室视觉中点。■

图片提供©广东星艺装饰（集团）福州分公司

轻 盈介质营造的隔断造型墙，集合了水晶珠帘、磨砂玻璃、中心椭圆镜面等元素，灵动了沉静的卧房环境，装饰感强烈。■

图片提供©广东星艺装饰（集团）福州分公司

静 逸白色时尚居室，彰显理性干练气质，滕纹装饰壁纸贴面墙与音符装饰画跳跃在冷静的居住环境~，动静结合，简约却不简单。■

图片提供©广东星艺装饰（集团）福州分公司

以 修长的长体造型指引居室视线，淡黄色裂纹壁纸个性十足，与小展板营造动态墙面语言。■

图片提供©广东星艺装饰（集团）福州分公司

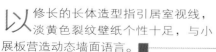

浅咖啡色皮质软包拼接造型点缀卧室墙面语言，营造华美贵气家居，透明玻璃构造主卫空间，整体空间兼具厚重与轻盈双重美感。■

图片提供©广东星艺装饰（集团）福州分公司

乳白色杉木饰面板铺于卧室吊顶空间，明显的勾缝排列带动视觉上升张力，其延伸到床靠的小排遮挡设计，有效地连接居室上下空间语言。■

图片提供©广东星艺装饰（集团）福州分公司

敞亮的大卧室设计，用咖啡色软包装饰带动空间低调奢华美，白色杉木隔板造型拉门装饰收纳空间，有效地保护了大户型墙面语言的统一性。■

图片提供©广东星艺装饰（集团）福州分公司

宫廷式华美卧室，以多变生动的造型吸引视线，圆形吊顶、拱形造型装饰墙面加上复古植物花纹壁纸、弧形落地看窗，凸显宫廷贵族气质。■

图片提供©广东星艺装饰（集团）福州分公司

个性强烈的豹纹壁纸与复古植物纹壁纸的融合，使得卧房空间个性突出，兼具古典与野性的矛盾设计情感，独特又有味道。■

图片提供©广东星艺装饰（集团）福州分公司

咖啡色皮质软包、黑镜长条、印花壁纸融合统一于卧房墙面语言，在丰富空间材质特点上注重面积与造型的协调互动，极具混搭时尚。■

图片提供©广东星艺装饰（集团）福州分公司

黑色实木装饰画框点缀卧室主要展示墙面，跳跃了空间视线的同时，给简约的现代家居环境带来几处艺术气质美。■

图片提供©广东星艺装饰（集团）福州分公司

"**L**"造型电视墙与方形床靠墙，都采用米黄色大花植物壁纸饰面，使得空间主墙面设计变化统一，突出空间对话设计感。■

图片提供©广东星艺装饰（集团）福州分公司

轻盈玻璃材质与复古植物纹壁纸形成视觉上轻与重的反差对比，并体现出现代与复古的融合，是混搭时尚的典范。■

图片提供©广东星艺装饰（集团）福州分公司

特色多宝格立地收纳衣橱，营造日式时尚美居，其贴饰的黑花装饰贴面纸，装饰柜面的同时也丰富了空间的形式美。■
图片提供◎广东星艺装饰（集团）福州分公司

整片红橡木装饰板床靠墙，拉长了空间的视觉面积，与对面原始白墙对比强烈，提升卧室温馨情感。■
图片提供◎广东星艺装饰（集团）福州分公司

重复圆形造型顶棚设计打造典雅气质卧室，双阳台设计等重复元素使得大卧房空间均衡得体，空间组织清晰。■
图片提供◎广东星艺装饰（集团）福州分公司

奢华的卧室空间，往往以丰富的材质和造型取胜，软包、大理石、地毯等丰富的欧式奢华装饰造型元素，穿梭于欧式复古和现代之间交错体现，美不胜收。■
图片提供◎广东星艺装饰（集团）福州分公司

个性十足的白塑板装点电视背景墙，上方粘贴贝壳装饰，与两侧装饰画相呼应，给人以居室想象空间。■

图片提供©广东星艺装饰（集团）福州分公司

简约浪漫的欧式卧室，床靠墙采用对称设计，分别以奶白色软包、复古植物壁纸装饰贴面做框架设计，华丽典雅。■

图片提供©广东星艺装饰（集团）福州分公司

卧室空间采用轻盈元素点缀设计，是提升空间气质的主要设计手法，水晶吊灯、艺术雕花玻璃装饰板收纳柜，功能与装饰合二为一。■

图片提供©广东星艺装饰（集团）福州分公司

利用甜美的粉红色壁纸贴饰墙面，既保持了卧室空间极简的设计风格，又适当地减弱了大面积留白墙面的单调和压迫感，实用美观。■

图片提供©广东星艺装饰（集团）福州分公司

对称式菱形磨砂灰镜装饰有利于拓展卧房空间的视觉感，其自身华美的折光作用也不失为气质家居的首选装饰材料。■

图片提供©广东星艺装饰（集团）福州分公司

对称的床靠墙中间以软包贴饰，有助于消除噪音。■

图片提供©广东星艺装饰（集团）福州分公司

简 欧风情设计的小吧台赋予卧室浪漫色彩，白色桌板与白色壁橱电视柜相呼应，其无形中也充当了厨房与卧室的过渡地带。■

图片提供©福州亿盟装饰设计工程有限公司

弧 形动感设计元素充分体现在卧室设计中，圆形吊顶、造型墙面、书桌等，既协调统一又动感活泼。■

图片提供©福州亿盟装饰设计工程有限公司

奢 华的大房空间，以茶色卷草纹壁纸贴饰墙面，两片大型落地玻璃窗采用弧度造型设计，充分引进阳光。■

图片提供©福州亿盟装饰设计工程有限公司

采用印花壁纸、墙贴装饰板、雕花饰板等综合墙面软装元素装点空间，丰富墙面的同时也体现出了†～混搭美。■

图片提供◎福州亿盟装饰设计工程有限公司

床的样式与色彩选择直接影响着空间的装饰特点，本案特色欧式床体，以神秘的黑色真皮材质成为卧房空间的灵魂焦点。■

图片提供◎福州亿盟装饰设计工程有限公司

转角过渡划分方式使得卧房保持住了敞亮的空间感，兼休息、书房、收纳为一体，使得整个空间功能综合却不拥挤。■

图片提供◎福州紫恒装饰工程设计有限公司

水晶珠帘隔断加灰镜装饰条，给原本净白的卧房空间增添了几分灵动和生气，不强调奢华装饰，只求静逸享受。

图片提供©福州紫恒装饰工程设计有限公司

无论是壁纸色彩还是家具装饰，都采用富贵的金黄主色调，在白净的空间中对比突出，符合了主人高贵的身份象征，高贵却不奢华。

图片提供©福州紫恒装饰工程设计有限公司

长幅水晶珠帘衔接复合木板电视隔断墙，优雅大气，与透明玻璃洗漱门互相呼应，渲染浪漫的家居情调。

图片提供©福州紫恒装饰工程设计有限公司

明快的留白设计，体现单身居室干练气
质，个性黄色皮质沙发，以造型和色
彩增添空间的醒目元素。■
图片提供◎福州佐泽装饰工程有限公司

植物雕花元素的反复运用，带动卧室空
间的美感，亚克力板、壁纸、艺术玻
璃分别承接相近的雕花元素，既多变又有
统一。■
图片提供◎福州佐泽装饰工程有限公司

日式悬空双扇推拉门，采用原木复合板
拼接材质，延展电视壁橱设计，与整
体卧室空间格调一致，彰显统一和谐美。■
图片提供◎福州佐泽装饰工程有限公司

床 靠墙以粉色布衣软包装饰，有效地处理空间关系，其造型与下垂式吊顶呼应，打造方正造型感主义美。■

图片提供©福州佐泽装饰工程有限公司

阁 楼空间采用黄色调条纹壁纸装饰墙面与吊顶，拉伸空间视野高度，同时与紫色布艺装饰形成互补色，使得空间亮丽多彩又不凌乱。■

图片提供©福州佐泽装饰工程有限公司

无 论是起隔断作用的开放式雕花装饰屏障，还是印花肌理壁纸，都体现出华美高雅的时尚家居典范。■

图片提供©福州佐泽装饰工程有限公司

小 卧房使用乳白色复合木贴饰电视隔断墙面，较好地提亮了空间，在保持空间通透的同时能有效地遮挡床体。■
图片提供©福州佐泽装饰工程有限公司

床 靠墙采用做旧效果的植物纹软包设计，条纹状增强墙面动感趣味，深咖啡色系也有利于保持安静的卧室环境。■
图片提供©福州佐泽装饰工程有限公司

出 色的功能性隔断墙是开放式客厅的亮点，乳白色拼接木板材质，既充当客厅沙发靠墙，又作为卧房空间的电视背景墙面，在过渡空间中起到了重要的作用。■
图片提供©福州佐泽装饰工程有限公司

小 户型开放式居室空间，采用极简的装饰布局，体现醒目空间美感，同时节省装修成本，采用的淡紫色布艺装饰，点缀温馨居室。■

图片提供©福州佐泽装饰工程有限公司

卧 室空间采用广角设计的弧形落地窗，很好地把握住了空间的光线美学表现，同时也作为观景台，丰富居室生活。■

图片提供©福州佐泽装饰工程有限公司

中 式元素打造儒雅家居，泰柚木材质家具起到了连接各元素的纽带作用，三根方形立柱间隔空间，中式壁纸迎合整体空间。■

图片提供©福州佐泽装饰工程有限公司

——整片绛紫色绒布软包装饰，
带动了居室现代浪漫情感，
其不规则大小相间错落造型，也使
得简约的空间环境活跃起来。■
图片提供©福州佐泽装饰工程有限公司

—— 排乳白色圆弧装饰软包以上
—— 下错开造型，凸显极强的造
型主义时尚。■
图片提供©福州佐泽装饰工程有限公司

咖 啡色亚克力板以浓重沉稳的
色调改变卧房安静的气氛，
其形式纹样与房门呼应，减少了卧
室装饰的孤立感。■
图片提供©福州紫恒装饰工程设计有限公司

纯 净白色时尚家居，床靠墙采用绒毛材质铺面设计，下方承接米黄色复合木床头柜，彰显华丽的同时也丰富了空间的材质美。

图片提供©福州佐泽装饰工程有限公司

简 欧情感家居空间，电视背景墙采用单一浅咖啡色壁纸贴面，并与原色实木地板保持统一衔接，视觉上简洁大方，具有一气呵成之美。■

图片提供©福州佐泽装饰工程有限公司

放 射状不规则线条壁纸，视觉张力极其强烈，给简约的卧室空间带来现代时尚风。■

图片提供©福州佐泽装饰工程有限公司